Melani Surla

Struktur des Biohandels in Deutschland. Beteiligte, Grösse und Struktur

Die drei umsatzstärksten Bio-Händler

GRIN Verlag

Bibliografische Information der Deutschen Nationalbibliothek:

Die Deutsche Bibliothek verzeichnet diese Publikation in der Deutschen National-
bibliografie; detaillierte bibliografische Daten sind im Internet über http://dnb.d-
nb.de/ abrufbar.

Impressum:

Copyright © 2013 GRIN Verlag GmbH
Druck und Bindung: Books on Demand GmbH, Norderstedt Germany
ISBN: 978-3-656-70389-1

Dieses Buch bei GRIN:

http://www.grin.com/de/e-book/277489/struktur-des-biohandels-in-deutschland-
beteiligte-groesse-und-struktur

Fachhochschule Münster

Wissenschaftlicher Artikel zum Thema:

Struktur des Biohandels in Deutschland: Beteiligte, Grösse und Struktur
„Die drei umsatzstärksten Bio-Händler"

Modul M21

Nachhaltige Urproduktion in der Nahrungskette

Masterstudiengang:

Nachhaltige Dienstleistungs- und Ernährungswirtschaft

Vorgelegt von:

Melani Surla

18. September 2013

Struktur des Biohandels in Deutschland: Beteiligte, Grösse und Struktur
„Die drei umsatzstärksten Bio-Händler"

Surla, Melani[1]

Schlüsselwörter: Bio-Handel, Öko-Handel, Naturkost-Handel, Umsatz, Bio-/Öko-Unternehmen

Key words: organic trade, eco trade, whole food trade, sales, organic/eco companies

Zusammenfassung

Die Entfaltung des Bio-Handels in Deutschland hat sich über einen langen Zeitraum vollstreckt. Die positive Entwicklung des Naturkosthandels hält seit Jahren an und es besteht noch reichlich Potenzial für weiteres Wachstum. Der Bio-Fachhandel nimmt dabei eine wichtige Stellung ein. Die Tendenz hin zu größeren Verkaufsflächen ist deutlich zu erkennen. Bei der Betrachtung der drei umsatzstärksten Bio-Handelsunternehmen ist festzustellen, dass sich auch in diesem Sektor Fortschritte bemerkbar machen. In einigen Bereichen weisen diese Gemeinsamkeiten auf und führen bspw. Eigenmarken in ihren Märkten, hinsichtlich Entstehung, Größe und Expansionstempo unterscheiden sie sich jedoch immens.

Abstract

The progress of the organic trade in Germany has been promoted for a long period. The positive developement of the ecological commerce has continued for years and there is still plenty of potential for further growth. Among these enterprises the retail trade for organic products has an important position. Extending the actual retail space is a topical development. Taking into consideration the three top-selling organic trade companies you can observe, that this sector also makes noticeable progress. These companies equally keep their own brands and nevertheless they differ when it comes to their origin, size and speed of expansion.

1   Einführung

Der Erwerb von Bio-Lebensmitteln war nie so einfach wie heute. Noch vor drei Jahrzehnten waren weite Wege zu kleinen Läden erforderlich, wobei das Sortiment über den Grundbedarf selten hinausging. (BUND 2012, S. 1) Infolge der Umweltbewegung in den 1980er Jahren und nach der Reaktorkatastrophe in Tschernobyl erlebte die Bio-Branche einen Wachstumsschub und wurde von einer breiteren Kundenschicht angenommen (Spiller et al. 2005, S. 1). Die Bio-Branche hat sich aus der Nische heraus entwickelt und stellt derzeit einen weltweiten Wachstumsmarkt dar (BMELV 2013a). Europaweit ist Deutschland seit längerem der größte Absatzweg für ökologische Produkte (BMELV 2013b). Der dynamische Trend der letzten Jahre setzt sich fort. Die Nachfrage nach Bio-Lebensmitteln in Deutschland steigt stetig. (BMELV 2013a) Laut Bundeslandwirtschaftsministerin Ilse Aigner schätzen die Verbraucher die Vielfalt und die Qualität der deutschen Bio-Produkte (BMELV 2013b).

In Deutschland werden täglich über 150 Millionen Kaufentscheidungen getroffen, wobei soziale und ökologische Kriterien von immer mehr Menschen berücksichtigt werden (Grimm 2009). Der Zugang von Bio-Lebensmitteln gestaltet sich heute unterschiedlichster Art. Dazu zählen u.a. Naturkostläden, Reformhäuser und Ab-Hof-Vermarktung ebenso wie Zustellservices und das Internet (Strassner 2013). Von einem Bio-Supermarkt spricht man ab einer Größe von etwa 350m^2. Oftmals sind diese modern gestaltet und ähneln konventionellen Supermärkten in Stil und Form. Einige Bio-Supermärkte haben sich zu Filialnetzen entwickelt und sind in fast jeder größeren Stadt vertreten. (Bio-tuerlich 2013)

---

[1] Mastermodul M21 Nachhaltige Uproduktion in der Ernährungskette: Bio; Fachbereich Oecotrophologie, Fachhochschule Münster, Corrensstr. 25, 48149 Deutschland, melani_surla@gmx.de, http://www.fh-muenster.de/fb8

Das Ziel der vorliegenden Arbeit ist, einen Einblick in die Struktur des Bio-Handels zu verschaffen und dabei auf die Beteiligten, die Größe und Struktur einzugehen. Gegenstand der Ergebnisse ist ein Überblick bezüglich des Naturkostfachhandels in Deutschland in den letzten Jahren sowie heute, bevor näher auf die drei umsatzstärksten Naturkosthandels-Unternehmen eingegangen wird. Im Anschluss daran folgt eine Diskussion zur aktuellen Entwicklung der drei größten Naturkosthandels-Filialisten. Eine Schlussfolgerung sowie ein Ausblick bilden den Schluss.

2   Methoden

Zur Bearbeitung der Fragestellung wurde eine Literaturrecherche durchgeführt. In erster Linie diente das Internet der Suche. Mit verschiedenen Schlagwörtern wurde in Metasuchmaschinen wie Greenpilot und Ecobiz nach einschlägiger Literatur gesucht. Weiter dienten Datenbanken (z.B. WISO), aber auch Internetseiten von Ministerien, Instituten und Verbänden sowie elektronische Zeitschriften der Recherche von Daten und Fakten. Schnell stellte sich heraus, dass für diesen Artikel relevante Zahlen nur durch einen Zugang zu Fachzeitschriften zu erhalten waren. Die SuperBioMarkt AG ermöglichte die Einsicht in die Archive der Fachzeitschriften Biohandel und Biowelt. Die Kontaktaufnahme zum Kommunikationsbüro Klaus Braun verschaffte weitere relevante Daten zu der Struktur der Branche.

Die Recherche zeigte auf, dass das Datenmaterial hinsichtlich der Strukturen des Naturkosthandels lange auf Schätzungen und Hochrechnungen beruhte. Die Transparenz des Naturkostfachhandelsmarktes war somit gering. Die nicht miteinander übereinstimmenden Zahlen waren einerseits durch unterschiedliche methodische Vorgehensweisen bei der Hochrechnung des Marktvolumens begründet. Andererseits wichen die Annahmen über die Marktrealität voneinander ab. Um dem Fehlen verlässlicher Daten entgegenzuwirken, wurde ein Projekt des Bundesprogramms Ökologischer Landbau ins Leben gerufen. (Biohandel-online 2010) Die zentralen Fragen des Projektes beziehen sich auf die Struktur des Naturkostfachhandels in Deutschland sowie die Größe dieses Marktsegments (Food-monitor 2010). Das Projekt wurde im Jahr 2011 erfolgreich abgeschlossen und ermöglichte zum ersten Mal, mit Hilfe von Akteuren der Naturkostbranche, eine Erhebung von umfangreichen und validen Marktdaten (FÖL 2012).

3   Ergebnisse

3.1   Naturkosthandel in Zahlen

Bio-Supermärkte zählen zu den am schnellsten wachsenden Absatzkanälen für Bio-Waren. Während es im Jahr 2000 deutschlandweit 50 Bio-Supermärkte gab, hat sich diese Zahl bis zum Jahr 2003 mehr als verdreifacht (Spiller et al. 2005, S. 3). Zwischen den Jahren 2000 und 2011 verdreifachte sich der Umsatz mit Bio-Lebensmitteln von 2,05 auf 6,6 Milliarden Euro (BMELV 2013a). Im Jahr 2012 gaben deutsche Haushalte sechs Prozent mehr Geld für Bio-Lebensmittel und Getränke aus als im Vorjahr und der Umsatz stieg auf sieben Milliarden Euro (BOELW 2013, S. 16). Dies machte am gesamten Lebensmittelumsatz einen

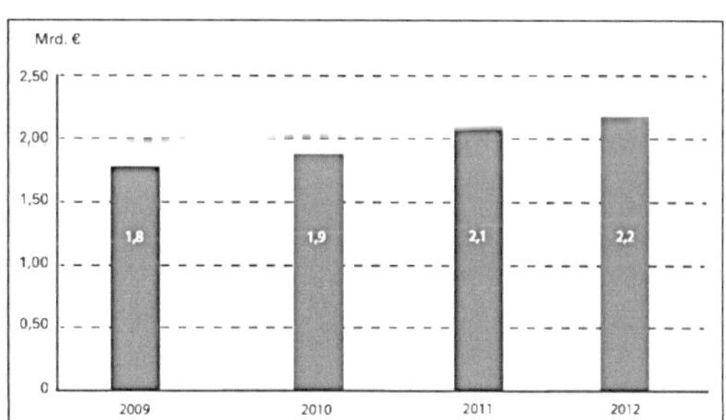

Abb. 1: Gesamtmarktentwicklung Fachhandel 2009-2012 in Mrd. €
Quelle: BOELW 2013, S. 15

Marktanteil von knapp vier Prozent aus (BMELV 2013). Der Naturkosthandel hatte dabei einen Anteil von 2,2 Milliarden Euro (Braun, Kauffmann 2013, S. 2). In den letzten fünf Jahren ist der Umsatz im Naturkostfachhandel um ein Drittel gestiegen (Braun, Lösch 2013a). Während der Umsatz von Bio-Lebensmitteln im konventionellen Einzelhandel und Discountern im Jahr 2009 rückläufig war und das Jahr für diese ein Krisenjahr darstellte, stieg der Umsatz von Bio-Lebensmitteln im Naturkosthandel im Vergleich zum Vorjahr. Die Umsatzzuwächse betrugen 3,1 Prozent. Der Bio-Fachhandel stellte in diesem Zeitraum eine tragende Säule für die Weiterentwicklung des Bio-Marktes dar. Das Bedürfnis nach regionalen und authentischen Lebensmitteln von deutschen Anbauverbänden wuchs an. Kunden schätzten eine kompetente Beratung und ein attraktives Bio-Sortiment im Fachhandel, der sich in diesem Jahr Marktanteile zurück holte. Die positive Umsatzentwicklung des Fachhandels zwischen den Jahren 2009 bis 2012 ist in Abb. 1 zu erkennen. 2009 gab es keine flächendeckende Versorgung mit Bio-Vollsortimentern, so dass hier Wachstumspotenzial bestand. (BOELW 2010, S. 24f.) Allein die Filialkette Denn's expandierte 2010 enorm und eröffnete 17 neue Filialen (Fiedler 2013, S. 10). (siehe Tab. 2)

Ende des Jahres 2012 gibt es in Deutschland insgesamt 2359 Naturkostfachgeschäfte. 355 Läden sind in der Hand von Filialisten mit mindestens fünf Vollsortimentoutlets. Daneben gibt es immerhin noch etwa 2000 inhabergeführte oder weniger filialisierte Bio-Läden. (Fiedler 2013, S. 10) Der Anteil der Läden nach ihrer Verkaufsfläche ist Abb. 2 zu entnehmen. Knapp die Hälfte der Läden hat eine Verkaufsfläche von unter 100m^2, ein Viertel hat 100-200m^2 und etwa ein Drittel über 200m^2. (Braun, Kaufmann 2013, S. 2) Auch wenn momentan die Existenz kleinerer Läden dominiert, geht der Trend hin zu großen Vollsortimentlern. Es haben mehr Geschäfte mit einer Verkaufsfläche von unter 200m^2 geschlossen als neu eröffnet. Bei Läden mit einer Fläche von mehr als 200m^2 gab es mehr Neueröffnungen. Bei über 400m^2 Fläche gab es kaum Schliessungen. In diesem Fall standen 9,5 Prozent Öffnungen nur 0,3 Prozent Schließungen gegenüber.

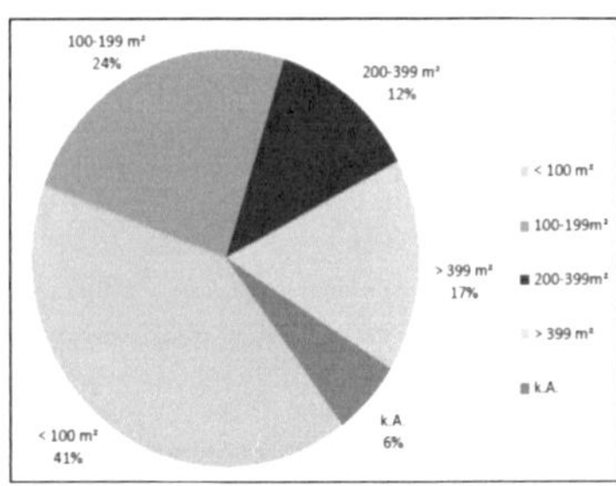

Abb. 2: Anteil Läden nach Verkaufsfläche
Quelle: Braun, Kauffmann 2013, S. 3

(Braun, Kaufmann 2013, S. 5) Anhand Abb. 3 werden die Veränderungen der Ladenzahlen in absoluten Zahlen verdeutlicht. Hier ist die Tendenz hin zu größeren Verkaufsflächen der Läden zu erkennen. Die Anzahl der Neueröffnungen von Läden über 400m^2 war immens. Der insgesamte Zuwachs von lediglich acht Läden

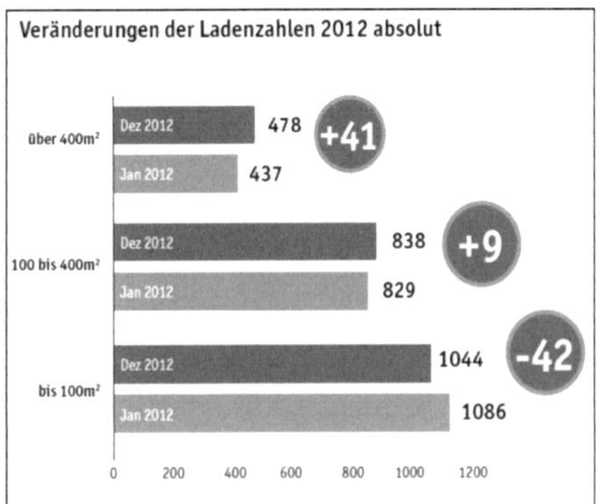

Abb. 3: Veränderungen der Ladenzahlen im Naturkostfachhandel 2012 absolut
Quelle: Fiedler 2013, S. 8

Abb. 4: Veränderungen der Ladenzahlen im Naturkostfachhandel 2012 in %
Quelle: Fiedler 2013, S. 8

4

im Jahr 2012 hat nicht nur den Hintergrund, dass 86 Neueröffnungen 78 Schließungen gegenüber standen. Der Flächenzuwachs der Verkaufsfläche vom Naturkost-Einzelhandel von etwa fünf Prozent wurde auch durch Erweiterungen bestehender Läden oder auch Umzügen erreicht. (Fiedler 2013, S. 8) In Abb. 4 werden ergänzend der Anteil der Läden aufgezeigt, die ihre Verkaufsflächen verändert haben. Expansionsankündigungen oder bereits bekanntgewordene Standorte zeigen, dass die Großen noch größer werden wollen. (Fiedler 2013, S. 10) Die positive Bilanz des Naturkost-Fachhandels im Jahr 2012 (BNN 2013) ist zu einem Teil auch auf die Preissteigerungen zurückzuführen. Ein Beispiel: Der Umsatz bei Frischeprodukten stieg um 4,5 Prozent, die Absatzmenge nur um 2,8 Prozent. (BOELW 2013, S. 16) Vom gesamten Bio-Lebensmittelumsatz machte der Naturkosteinzelhandel im Jahr 2011 sowie 2012 einen Marktanteil von 31 Prozent aus. (BOELW 2013, S. 16) Nennenswert ist zudem, dass die Kundenanzahl im inhabergeführten Bio-Fachhandel von 2011 bis 2012 beinahe gleich geblieben ist, die Summe auf den Kassenbons dafür höher. Der durchschnittliche Kunde gab 2012 knapp 17 Euro pro Einkauf aus, nahezu fünf Prozent mehr als im Vorjahr. (Biohandel-online 2013a) Kunden konnten in dieser Zeit gehalten und zu höheren Ausgaben animiert werden (Braun, Lösch 2013a).

Die Vorteile des Fachhandels sind das breite Sortiment mit fast 100 Prozent Bio-Anteil, diverse bekannte und vertrauenswürdige Naturkost-Marken, eine kompetente Beratung, der hohe Anteil regionaler Ware (30-40 Prozent) sowie das vielfältige Angebot an frischen Bio-Produkten (BNN 2013). Laut dem Fachmagazin Biohandel setzt sich die positive Umsatzentwicklung im Naturkosteinzelhandel zum Jahresbeginn 2013 nahtlos fort. Jeder dritte Betrieb kann einen zweistelligen Tagesumsatzzuwachs nachweisen und in der Gegenüberstellung mit dem traditionellem LEH sind die Umsätze hervorragend. März 2013 war für manche Betriebe der umsatzstärkste Monat seit ihrem Bestehen. (Braun, Lösch 2013b) Im zweiten Quartal 2013 gab es eine Steigerung der Tagesumsätze um 4,9 Prozent (Braun, Lösch 2013c). Es kann festgehalten werden, dass trotz stärkerem medialen Einfluss auf Problemfelder in der Naturkostbranche und der weltweiten Finanz- und Wirtschaftskrise die Naturkostbranche im Vergleich zu anderen Segmenten überproportional wächst (BOELW 2013, S. 14).

3.2   Die drei Umsatzstärksten

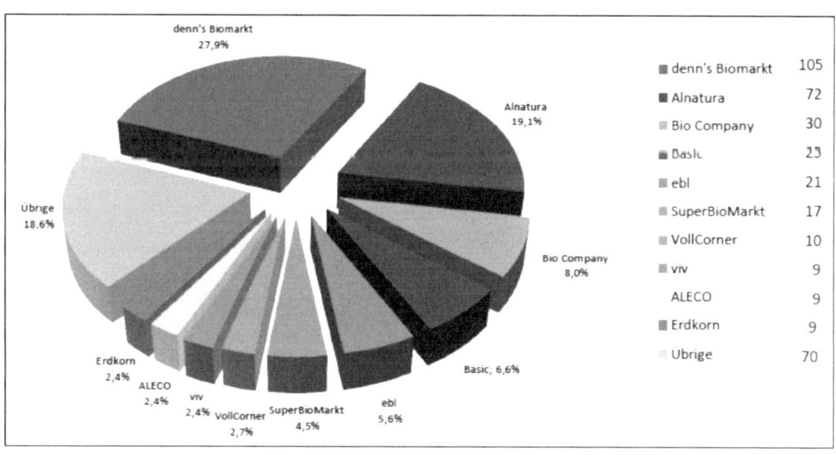

Abb. 5: Filialisten mit 4 oder mehr Filialen
Quelle: Braun, Kauffmann 2013, S. 7

Ende 2012 liegt der Anteil an überregional aktiven Filialisten bei 7,1 Prozent. Bislang bevorzugen sie größere Städte. In Abb. 5 sind die in Deutschland agierenden Filialisten mit mindestens vier oder mehr Filialen abgebildet. Den größten Marktanteil von mehr als ein Viertel hat dabei die Kette Denn's gefolgt von Alnatura, Bio Company, Basic und weiteren. Die drei Umsatzstärksten sind dabei Alnatura, Basic und Denn's. Sie haben zusammen einen Marktanteil von mehr als 50 Prozent. (Braun, Kauffmann 2013, S. 7ff.)

Folgend werden in Tab. 1 die drei umsatzstärksten Unternehmen des deutschen Naturkostfachhandels vorgestellt.

Tab. 1: Die größten und umsatzstärksten Naturkost-Fachhändler in Deutschland

Firma	Alnatura	Basic	Denn's
Gründung	1984	1997	2002
Geschäftsführer	Prof. Dr. Götz E. Rehn, Wulf Kristian Bauer	Stephan Paulke	Thomas Greim
Sitz	Bickenbach	München	Töpen
Filialen	80	25 in Deutschland 2 in Österreich	118 in Deutschland 12 in Österreich
Gesamt-Verkaufsfläche (D)	40.664m^2 (31.12.2011)	18.370m^2 (31.12.2012)	51.720m^2 (31.12.2012)
Filialnetz	bundesweit	bundesweit	bundesweit
Umsatz 2011	516 Mio. Euro	111,9 Mio. Euro (nur D)	102 Mio. Euro
Jahresüberschuss	15,448 Mio. Euro (2010/2011)	1,650 Mio. Euro (2012)	1,295 Mio. Euro (2011)
Mitarbeiter	1.998 (2011/2012)	793 (2012)	797 (2011)
Auzubildende	115 (2013)		74 (2011)
Internet	www.alnatura.de	http://www.basic-bio-genuss-fuer-alle.de/	http://www.denns-biomarkt.de/
Geschäftsmodell	• Verkaufsfläche (VF): etwa 500m^2 • Verkaufsstellen im konventionellen LEH und Drogeriemarkt • sowie eigene Bio-Supermärkte • 6.000 Artikel	• VF: 500-1100m^2 • Bio-Vollsortiment • bis zu 12.000 Artikel • Ambiente hell und farbenfroh • Frische-Abteilung: große Bedeutung	• VF: 300-800m^2 • Modernes Bio-Supermarkt-Konzept • Frischeprodukte: regionale Lieferanten • Voll-Sortiment: über 5000 Artikel • Warenversorgung über Mutterunternehmen Dennree
Geschichte	• Gründung unter dem Namen „Konzeption und Vertrieb natürlicher Lebensmittel Dr. Rehn" • 1986 „Alnatura" als Marke • 1986 Beginn vom Verkauf bei tegut und dm • 1987 erster Alnatura-Bio-Supermarkt in Mannheim	• 1998 1. Filiale in München • ab 2004 bundesweite Expansion • 2007 Einstieg der Schwarz-Gruppe, starke finanzielle Einbußen, Ausstieg der Schwarz-Gruppe folgte • 2008 kurz vorm Konkurs • 2009 Konsolidierung • 2011 Eröffnung der 25.	• 2003 Übernahme von 4 Märkten einer insolventen GmbH • Experiment Bio-Discount setzte sich nicht durch • seit 2007 Denn's Biomärkte mit hochwertiger Warenpräsentation, Ausweitung des Sortiments, stärkerer

| | bis 1997 6 Märkte
• ab 2000 Expansion
  beschleunigt
• seit 2005 Expansion
  noch stärker
  beschleunigt
• seit 2007 Aufbau einer
  neuen Beschaffungs-
  struktur (AGWERT), in
  Kooperation mit anderen
  Groß-händlern
• Verdichtung der Präsenz
  von Filialen
• 2011 Deutscher
  Nachhaltigkeitspreis | Filiale
• Gründung online-shop | Betonung des
Frischesortimentes
sowie Naturkosmetik
• Franchisepartner
• 2010/2011 Expansion
  auf 75 Filialen
• 2011 auch in Österreich
  größte
  Biofachhandelskette
• 2012/2013 Schlagzeilen
  wegen Lohnniveau in
  Filialen |

Quelle: eigene Darstellung (Biowelt-online 2013a, Biowelt-online 2013b, Biowelt-online 2013c, Biohandel-online 2013b, Alnatura 2013)

3.2.1 Alnatura

Mit einem Umsatz von 516 Mio. Euro im Jahr 2011 ist Alnatura das umsatzstärkste Bio-Handelsunternehmen in Deutschland. Das Unternehmen vertreibt seine Bio-Lebensmittel unter der Eigenmarke Alnatura in eigenen Filialen namens Alnatura Super Natur Markt, aber auch im konventionellen LEH und Drogeriemärkten bei insgesamt 3400 verschiedenen Handelspartnern (Biowelt-online 2013a und Alnatura 2013). Rund 1060 verschiedene Bio-Lebensmittel werden unter dem Firmennamen Alnatura gehandelt (Alnatura 2012a). Durchweg bietet Alnatura in seinen Filialen ein umfangreiches Bio-Sortiment mit rund 6000 Produkten an (Alnatura 2013). Durch Erzeugnisse aus ökologischer Herstellung will das Unternehmen nicht nur den biologischen Landbau fördern, sondern auch zu seiner Ausweitung und Verbreitung beitragen und weiter auch zur Nachhaltigkeit sowie Zukunftsfähigkeit der Gesellschaft und Umwelt (Alnatura 2012b). Mit gegenwärtig 80 Filialen ist Alnatura die zweitgrößte Bio-Supermarktkette deutschlandweit (Biowelt-online 2013a). Alnatura handelt als Unternehmen nach eigenen Aussagen nach den drei Prinzipien: ganzheitlich denken, kundenorientiert handeln und selbstverantwortlich sein (Alnatura 2013b). Im Jahr 2010 stand das Unternehmen auf Platz zwei (Oekolandbau 2010), im Jahr 2011 sogar auf Platz eins der bundesweit nachhaltigsten Unternehmen und wurde mit dem Deutschen Nachhaltigkeitspreis ausgezeichnet (Alnatura 2012c). „Sinnvoll für Mensch und Erde" lautet seit über 25 Jahren das Leitbild des Unternehmens. Alnatura ergänzt die drei Kriterien der Nachhaltigkeit (Ökologie, Ökonomie, Soziales) im Unternehmen um eine vierte Dimension - und zwar die der geistig-kulturellen - mit dem Ziel, dem Menschen geistige Freiheit zu ermöglichen. Zudem zählt zu der vierten Dimension auch die Bewusstseinsbildung der Mitarbeiter durch Seminare und Vortragsreihen sowie die Integration des Themas „Nachhaltigkeit" in der Lehrausbildung. Alnatura-Märkte beziehen saisonales Gemüse und Obst, Eier sowie Brot- und Backwaren aus der Region und tragen durch Einsparung von Transportkilometern zum Klimaschutz bei, sichern Arbeitsplätze in der heimischen Region in Landwirtschaft und Handwerk und gewährleisten zudem tagesfrische Ware. Als erstes Einzelhandelsunternehmen gab es in allen Filialen im Jahr 2008 Glastüren vor den Kühlregalen, wodurch enorm Energie eingespart werden konnte. Der Verbrauch war bis zu 60 Prozent geringer als vorher. Seit 2003 stammt der Strom aus regenerativen Energien. Darüber hinaus sind die Baumaterialen umweltverträglich. (Oekolandbau 2010) Im Jahr 2012 hatte Alnatura fünf Neueröffnungen sowie einen Ladenflächenzuwachs durch Neueröffnungen und einem Umzug von über 2.000m^2 (Fiedler 2013, S. 9). Aktuell sind vier Neueröffnungen und zwei Umbauten auf der eigenen Homepage bekannt gegeben (Alnatura 2012d). Laut der Fachzeitschrift Biohandel kündigte Alnatura für das Jahr 2013 zehn Neueröffnungen an (Fiedler 2013, S. 10). Das Unternehmen kooperiert mit dem Bonusprogramm Payback (Biohandel-online 2012).

3.2.2 Basic

Basic machte mit seinen 25 Filialen in Deutschland im Jahr 2011 einen Umsatz von 111,9 Mio. Euro und steht damit an zweiter Stelle der umsatzstärksten Naturkosthändler in Deutschland (Biowelt-online 2013b). Das Unternehmen zählt zu den ältesten Bio-Supermarktketten. Aus etwa 350 Basic Markenartikel besteht das Sortiment der günstigen Eigenmarke (Bio-tuerlich 2013). Darüber hinaus werden je nach Marktgröße insgesamt bis zu 12.000 verschiedene Produkte angeboten (Basic 2012). Das Unternehmen wächst nicht nur auf bestehender Fläche, sondern vertreibt ebenso Basic-Artikel über Depot-Partner deutschlandweit. Momentan gibt es über 250 Partner im konventionellen Handel. Weitere Partnerschaften werden vorbereitet, so dass der Zugang zu Produkten in Basic Bio-Qualität weiter ausgebaut wird. (Basic 2012) Auch Basic setzt sich für den ökologischen Landbau, nicht nur in Deutschland, sondern auch in Europa und auf der ganzen Welt, ein (Basic 2010a). Das Unternehmen steht für gesunde Bio-Lebensmittel, die unter Berücksichtigung von ethischen und sozialen Gesichtspunkten erzeugt und vermarktet werden. Die Vision „Bio-Genuss für alle" leitet das Unternehmen von Anfang an. (Basic 2010b). Die Waren stammen überwiegend aus kontrolliert ökologischem Anbau und erfüllen mindestens den EU-Öko-Standard. Ausnahmen sind nach eigenen Aussagen Produkte, die eine sinnvolle Ergänzung des Sortimentes darstellen und hohen Qualitätsanforderungen gerecht werden. Produkte von Anbauverbänden sowie Produzenten aus der Region werden bevorzugt ins Sortiment aufgenommen. In den Läden gibt es vorwiegend standardisierte großzügige Bedientheken für Frischwaren und begehbare Kühlhäuser. (Basic 2010a) Auf der Homepage sind keine Neueröffnungen oder Umbauten bekannt gegeben.

3.2.3 Denn's Biomarkt

Im Jahr 2012 eröffnete Denn's 29 neue Filialen. Mehr als ein Drittel der Neueröffnungsfläche im Naturkost-Einzelhandel 2012 ist damit der Ladenkette zuzuschreiben. Denn's trägt somit zu einer möglichen Trendwende bezüglich der durchschnittlichen Verkaufsfläche im Naturkosthandel bei. Mit 106 Märkten sowie Eigentumsrechte von weiteren 9 ViV-Läden und 4 Füllhornmärkten machte die Filialkette im Jahr 2011 einen Umsatz von 102 Mio. Euro. (Fiedler 2013, S. 9f. und Biowelt-online 2013c). Denn's Biomärkte werden vom Mutter-Unternehmen und Bio-Großhändler Dennree beliefert, der bereits seit 40 Jahren besteht und ein Vollsortiment mit fast 11.500 Artikeln umfasst (Denn's Biomarkt 2013a). Die meisten Produkte im Sortiment erfüllen Anforderungen der Bio-Anbauverbände Demeter, Naturland oder Bioland. Großen Wert wird ebenso auf regionale Erzeuger gelegt und somit auf die Unterstützung heimischer Bio-Bauern. (Denn's Biomarkt 2013b) Mehr als 350 Produkte zählen zum Sortiment „Bio für jeden Tag". Diese Produkte sind zu 100 Prozent aus biologischer Landwirtschaft und werden zu günstigen Preisen angeboten. (Denn's Biomarkt 2013c) In einer Leserwahl des Naturkost-Magazins „Schrot und Korn", das in diversen Bio-Läden erhältlich ist, ist das Unternehmen 2012 zum Gesamtsieger in der Kategorie „Bester Bio-Laden" gewählt worden (Schrot & Korn 2012). Auf der firmeneigenen Homepage gibt es keine Aussagen zu geplanten Neueröffnungen (Fiedler 2013, S. 10). Das Unternehmen kooperiert ebenfalls mit dem Bonusprogramm Payback (Biohandel-online 2012).

3.3 Expansions-Strategien im Vergleich

Die Entwicklung der Filialzahlen von 2007 bis 2012 bei den Filialisten Denn's, Alnatura und Basic sind Tab. 2 zu entnehmen. Bis 2010 hatte Alnatura die meisten Filialen. (Fiedler 2013, S. 10) Im Jahr 2011 waren die Denn's Biomärkte zum ersten Mal in der Überzahl (Biohandel-online 2012). Denn's explosive Entwicklung hält seit 2010 an. Es begann, nachdem die Denn's Biomarkt GmbH 2009 zum ersten mal einen Überschuss ausgewiesen hat. In den Vorjahren verzeichnete das Unternehmen Verluste und wurde durch das Mutter- und Großhandels-Unternehmen Dennree finanziert. (Fiedler 2013, S. 10) Ursprünglich wollte das Unternehmen 2010 zehn Filialen eröffnen, tatsächlich wurden es jedoch 18. Gegenwärtig kann der Bio-Großhändler Dennree auf die Sortiments- und Preispolitik von etwa jedem fünften Bio-Laden Einfluss nehmen. Denn's Biomärkte sind auch in Städten mit nur 20.000 bis 30.000 Einwohnern vertreten. Die Verkaufsflächen belaufen sich auf 300-800m^2. Geplant werden neue Läden auch in Gebieten, wo bereits Dennree Kunden bestehen. Momentan hat Denn's ebenfalls die Marktmacht in Österreich.

Alnatura weist dagegen eher eine kontinuierliche Entwicklung auf und setzt auf ein verträgliches Wachstum Die Zunahme der Filialen ist gegenwärtig im einstelligen Bereich. Umbauten und Modernisierungen stehen im Vordergrund, teilweise auch Erweiterungen, aber auch Maßnahmen zur Verbesserung der Energieeffizienz. Für das Unternehmen zählt vielmehr Qualität als Quantität. Eröffnungen neuer Filialen gibt es vorwiegend in Großstädten mit mehr als 100.000 Einwohnern. Verkaufsflächen ab 350m^2 sind Ausnahmefälle. Als optimal wertet das Unternehmen Flächen zwischen 500 und 600m^2. Das Unternehmen eröffnet neue Läden ohne Rücksicht auf bestehende Läden. In den letzten drei Jahren fanden häufig

Neueröffnungen in Städten statt, in denen bereits eigenen Filialen existierten. Alnatura will mit dem Kooperationspartner Migros in der Schweiz expandieren.

Laut Basic-Vorstand Stephan Paulke will das Unternehmen nicht im Verdrängungskampf mitmischen und eröffnet voraussichtlich in den nächsten Jahren Filialen im niedrigen einstelligen Bereich. Basic setzt auf langsames und stetiges Wachstum und konzentriert sich derzeit auf die Ausweitung des bestehenden Sortiments. Laut des Vorstandes sind die Kosten für einen neuen Markt doppelt so hoch wie für die Konkurrenz. (Lebensmittelpraxis.de 2013) Basic hat bereits einen mißglückten Expansionsversuch hinter sich. Alnatura zeigte damals kein Interesse, Läden zu übernehmen. (Biohandel-online 2012)

Tab. 2 Entwicklung der Filialzahlen bei den 3 umsatzstärksten Naturkost-Filialisten 2007 bis 2012

Unternehmen	2007	2008	2009	2010	2011	2012
Denn's Biomarkt	22	28	37	54	77	106
Alnatura	35	45	53	59	67	72
Basic	26	23	24	24	24	25

Quelle: eigene Darstellung (Fiedler 2013, S. 10)

4 Diskussion

Unter den umsatzstärksten Bio-Handelsunternehmen in Deutschland steht Alnatura derzeit noch an der Spitze. Das Unternehmen wird in der Bio-Branche häufig als Vorreiter betrachtet. Es gibt jedoch desgleichen viele, die das Unternehmen kritisch als Bio-Discounter bezeichnen. (Bio-tuerlich 2013) Die gegenwärtigen Standorte der Alnatura Märkte belaufen sich eher auf große Städte mit größeren Verkaufsflächen, worauf auch der größere Umsatz zurückgeführt werden kann. Denn's Biomärkte, derzeit noch auf Platz zwei, befinden sich dagegen auch in kleineren Städten, welche weniger Umsatz mit sich bringen. Durch das Expansionstempo von Denn's könnte der Umsatzanteil allerdings massiv ansteigen und sich die Position der Unternehmen bald ändern. Aus finanzieller Sicht hätten sowohl Denn's als auch Alnatura die Möglichkeit, viel mehr Filialen zu eröffnen. Problematisch ist derzeit, einen passenden Standort zu finden. (Biohandel-online 2012) Auch Basic könnte schneller wachsen, legt aber nicht so ein Tempo vor, wie die beiden anderen. Die Strategie von Denn's hat unverkennbar etwas mit der Marktposition von Dennree zu tun. Gegenwärtig spielt der Großhändler eine führende Rolle im Bio-Großhandelsmarkt und nimmt mit der Zeit sukzessiv immer mehr Einfluss auf die Wertschöpfungsstufe Einzelhandel. Die Marktmacht wächst an und Dennree hat bald jeden vierten Laden hinsichtlich der Sortiments- und Preispolitik unter Kontrolle.

5 Schlussfolgerung und Ausblick

Der ökologische Handel entfaltet sich immer weiter und ein Ende der expandierenden Bio-Branche ist nicht in Sicht, was eigentlich auch gut ist, wenn man die Philosophie, die normalerweise hinter „Bio" steckt, näher betrachtet. Doch bei der derzeitigen Entwicklung kommt die Frage auf, ob diese Philosophie nicht verloren geht, wenn Gewinn und Quantität immer wichtiger werden. Auch wenn noch reichlich Potenzial für weiteres Wachstum im Bio-Markt besteht, kann gesagt werden, dass regionale Biomärkte durch die großen expandierenden Bio-Handelsketten gefährdet sind und in der Bio-Branche ein Verdrängungsmarkt voranschreitet. Laut dem Unternehmensberater Klaus Braun funktioniert jedoch die Marktwirtschaft genau so. Für ihn stellt sich nicht die Frage, wie man die Verdrängung verhindern könnte, weil zum Schluss der Verbraucher entscheidet. (Biohandel-online 2013c) Bezüglich dieser Problematik sollte zukünftig weiter diskutiert werden, um einen Weg zu finden, der zur Entspannung der Wettbewerbs-Situation führen könnte. Eine Möglichkeit könnte darin bestehen, durch Öffentlichkeitsarbeit zur Verbraucheraufklärung beizutragen. Umweltschutz-Initiativen und Akteure aus dem Bereich der solidarischen Ökonomie könnten dabei eine Unterstützung sein. Ansonsten besteht die Gefahr, dass sich der Handel selbst kaputt macht und sich vom konventionellen Handel bald kaum unterscheidet.

Da die Gegenlobby groß ist, um das positive Bio-Image zu beschädigen, ist der Verlass auf Bio-Siegel nicht ausreichend. Der Naturkostfachhandel kann durch Skandale in Verruf geraten. Dabei zählen nicht nur

Stichwörter wie Verbrauchertäuschung. Verschiedene Bio-Handelsketten sind in den letzten Jahren häufig auch wegen Dumping-Löhne in Verruf geraten. Alnatura reagierte auf die Schlagzeilen in der „taz" vor etwa 2 Jahren und zahlt seitdem angeblich mindestens auf Tariflohnniveau. (taz 2010) Auch Denn's wurde von der taz als „Ausbeuterladen" deklariert. (taz 2013) Doch bisher gab es daraufhin keine Reaktion des Unternehmens. Viele weitere Naturkost-Unternehmen zahlen ebenso unter Tariflohn. Durch den Wettbewerbsdruck ist zu befürchten, dass das Lohnniveau bei Bio-Supermärkten zukünftig noch weiter fallen könnte. (Die Welt 2012)

Die deutsche Landwirtschaft kann die steigende Nachfrage nach Bio-Lebensmitteln nicht decken und ist somit auf einen relativ hohen Import angewiesen. Deutsche Bauern sollten laut Bundeslandwirtschaftsministerin Ilse Aigner das grosse Potenzial des Bio-Marktes nutzen. (BMELV 2013a). Die Schere zwischen Angebot und Nachfrage der bei den Verbrauchern beliebten regional produzierten Bio-Lebensmittel öffnet sich jedoch immer weiter, denn für den Ökolandbau ist es innerhalb der politischen Rahmenbedingungen in Deutschland kaum möglich wettbewerbsfähig zu bleiben. (BOELW 2013, S. 6) Die Bio-Handelsketten haben teilweise große Probleme mit der Warenverfügbarkeit und brauchen mehr regionale Bio-Ware. Um diesen Schwierigkeiten entgegen zu treten, könnten staatliche Förderungen ausgebaut werden, damit die Landwirte nicht erst nach der dreijährigen Umstellungsfrist zum Biounternehmen für ihre Mühen entlohnt werden.

Dem Bio-Handel in Deutschland gelang es im Jahr 2011 Kunden zu überzeugen. Anhand gestiegener Bonwerte war zu erkennen, dass Sie mehr kauften als im Vorjahr. Das Vertrauen der Konsumenten in Bio-Qualität muss trotzdem weiter gestärkt werden. Neue Herausforderungen für das Jahr 2013 sind das gestiegene Qualitäts- und Markenbewusstsein der Verbraucher und deren Zahlungsbereitschaft, Regionalität und Frische sowie glaubwürdige Konzepte nachhaltig beim Verbraucher zu positionieren. (Braun, Kauffmann 2013, S. 16)

Quellen

Alnatura (2012a): Über uns, URL: http://www.alnatura.de/de/ueber-uns, zuletzt aufgerufen am 31.08.2013

Alnatura (2012b): Ganzheitlich denken und handeln, URL: http://www.alnatura.de/de/was-wir-wollen, zuletzt aufgerufen am 31.08.2013

Alnatura (2012c): Von Grund auf nachhalig, URL: http://www.alnatura.de/de/alnatura-ist-deutschlands-nachhaltigstes-unternehmen-2011, zuletzt aufgerufen am 31.08.2013

Alnatura (2012d): Neueröffnungen und Umbauten, URL: http://www.alnatura.de/de/neueroeffnungen, zuletzt aufgerufen am 31.08.2013

Alnatura (2013): Presseinformation 19.03.2013, URL: http://www.alnatura.de/de/alnatura-eroeffnet-zweiten-super-natur-markt-in-hannover, zuletzt aufgerufen am 31.08.2013

Basic (2012): Pressemitteilung - 24.10.2012, URL: http://www.basic-bio-genuss-fuer-alle.de/presse/pr-mitteilungen.html, zuletzt aufgerufen am 01.09.2013

Basic (2010a): Philosophie, URL: http://www.basic-bio-genuss-fuer-alle.de/wir/philosophie.html, zuletzt aufgerufen am 01.09.2013

Basic (2010b): Über uns, URL: http://www.basic-bio-genuss-fuer-alle.de/wir/index.html, zuletzt aufgerufen am 01.09.2013

Basic (o.J.): Expansionsbroschüre, URL: http://www.basic-bio-genuss-fuer-alle.de/maerkte/basic_expansionsbroschuere.pdf, zuletzt aufgerufen am 01.09.2013

Biohandel-online (2010): Marktdaten – Nützlich für die gesmte Branche, URL: http://www.biohandel-online.de/public/HTML/2010/20100210.shtml, zuletzt aufgerufen am 19.08.2013

Biohandel-online (2013a): Bio-Fachhandel im Wandel: Kompedium mit aktuellen Trends, URL: http://www.biohandel-online.de/2013/07/bio-fachhandel-im-wandel-kompendium-mit-aktuellen-trends/, zuletzt aufgerufen am 02.09.2013

Biohandel-online (2013b): Zusammengefasster Lagebericht und Konzernlagebericht – Gesamtwirtschaftliches Umfeld und Branchenentwicklung für das Jahr 2012, URL: http://www.biohandel-online.de/wp-content/uploads/2013/08/bilanz-basic-2012.pdf, zuletzt aufgerufen am 10.09.2013

Biohandel-online (2013c): Trainee Christine über Wachstum, Wettbewerb und ein Fazit zur BioFach, URL: http://www.biohandel-online.de/freitag-verdrangung-auch-bei-bio/, zuletzt aufgerufen am 01.09.2013

Biohandel-online (2012): Zwei verschiedene Expansionsstrategien, URL: http://www.biohandel-online.de/HTML/hintergrund/hg20121101.shtml, zuletzt aufgerufen am 17.09.2013

Bio-Markt.Info (2013): Expansion und Verdrängung: Was sagen die Filialisten? URL: http://www.bio-markt.info/web/Fachwissen/Hintergrund-Strategie/Filialisten/72/75/20/11064.html, zuletzt aufgerufen am 01.09.2013

Bio-tuerlich (2013): Übersicht Filialioten/ Kellen, URL: http://bio-tuerlich.de/index.php?page=ContentItem&contentItemID=80, zuletzt aufgerufen am 01.09.2013

Biowelt-online (2013a): Alnatura, URL: http://www.biowelt-online.de/index.php?id=340&tx_ttnews%5Byear%5D=2013&tx_ttnews%5Bmonth%5D=07&tx_ttnews%5Bday%5D=27&tx_ttnews%5Btt_news%5D=998&cHash=bf5c24a49dd0395b11fddb87a2b965e7, zuletzt aufgerufen am 29.08.2013

Biowelt-online (2013b): Basic, URL: http://www.biowelt-online.de/index.php?id=340&tx_ttnews%5Byear%5D=2013&tx_ttnews%5Bmonth%5D=08&tx_ttnews%5Bday%5D=07&tx_ttnews%5Btt_news%5D=1000&cHash=ff957b6a1ee4d145156fa8394937014c, zuletzt aufgerufen am 29.08.2013

Biowelt-online (2013c): Denns, URL: http://www.biowelt-online.de/index.php?id=340&tx_ttnews%5Byear%5D=2013&tx_ttnews%5Bmonth%5D=07&tx_ttnews%5Bday%5D=27&tx_ttnews%5Btt_news%5D=999&cHash=688cd35fc1f165eaa74fa6148ce52cf9, zuletzt aufgerufen am 29.08.2013

BMELV (2013a): Pressemitteilung Nr. 48 vom 11.02.2013 – Aigner: „Biomarkt bleibt weltweit ein Wachstumsmarkt", URL: http://www.bmelv.de/SharedDocs/Pressemitteilungen/2013/048-AI-Bio-bleibt-Wachstumsmarkt.html;jsessionid=36D6C894B63C228D230E259EA64EE004.2_cid367, zuletzt aufgerufen am 19.08.2013

BMELV (2013b): Pressemitteilung Nr. 50 vom 13.02.2013 – Aigner: „Der Biomarkt boomt", URL: http://www.bmelv.de/SharedDocs/Pressemitteilungen/2013/050-AI-Biofach-Biomarkt.html, zuletzt aufgerufen am 19.08.2013

BNN (2013): 12.02.2013 – Erfolgreiche Bilanz 2012 für den Naturkost-Fachhandel Innovationen und Engagement sorgen für Vertrauen und Glaubwürdigkeit, URL: http://www.n-bnn.de/aktuelles/12022013-erfolgreiche-bilanz-2012-für-den-naturkost-fachhandel-innovationen-und-engagement, zuletzt aufgerufen am 01.09.2013

BOELW (2010): Zahlen, Daten, Fakten – Die Biobranche 2010, URL: http://www.boelw.de/uploads/media/pdf/Dokumentation/Zahlen__Daten__Fakten/ZDF2010gesamt.pdf, zuletzt aufgerufen am 26.08.2013

BOELW (2013): Zahlen, Daten, Fakten – Die Biobranche 2013, URL: http://www.boelw.de/uploads/media/pdf/Dokumentation/Zahlen__Daten__Fakten/ZDF_2013_Endversion_01.pdf, zuletzt aufgerufen am 20.08.2013

Braun K., Kauffmann S. (2013): Wer verdrängt wen? Bewegung und Veränderungen im Naturkostfachhandel, URL: http://www.braunklaus.de/app/download/6387119580/BioFach2013.Klaus+Braun+-+Branchenentwicklung.pdf?t=1362565279., zuletzt aufgerufen am 26.08.2013

Braun K., Lösch K. (2013a): Betriebsergebnis knapp 7 Prozent, in: Biohandel, 4I13, S. 18-19

Braun K., Lösch K. (2013b): Umsatzbarometer – Jeder 3. Betrieb wächst zweistellig, in: Biohandel, 06I13, S. 14-15

Braun K., Lösch K. (2013c): 4,9 Prozent plus im 2. Quartal, in: Biohandel, 9I13, S. 19

BUND (2011): Bio ist nicht immer „Öko", URL: http://www.bund.net/index.php?id=1094&tx_ttnews[tt_news]=3347&tx_ttnews[backPid]=1085, zuletzt aufgerufen am 15.08.2013

BUND (2012): Besser Leben – Zu Bio wechseln, URL: http://www.bund.net/fileadmin/bundnet/publikationen/sonstiges/besser_leben_biowechsel.pdf, zuletzt aufgerufen am 15.08.2013

Denn's Biomarkt (2013a): Herkunft, URL http://www.denns-biomarkt.de/55_Herkunft.html, zuletzt aufgerufen am 01.09.2013

Denn's Biomarkt (2013b): Philosophie, URL: http://www.denns-biomarkt.de/114_Philosophie.html, zuletzt aufgerufen am 01.09.2013

Denn's Biomarkt (2013b): Bio für jeden Tag, URL: http://www.denns-biomarkt.de/29638_Bio_für_jeden_Tag.html, zuletzt aufgerufen am 01.09.2013

Die Welt (2012): Lohndumping ist in Bio-Märkten an der Tagesordnung, URL: http://investigativ.welt.de/2012/03/15/lohndumping-ist-in-bio-markten-an-der-tagesordnung/, zuletzt aufgerufen am 10.09.2013

Fiedler H. (2013): Ladenstatistik – Öffnungen und Schließungen 2012, in: Biohandel, 02I13, S. 8-10

FÖL (2012): Projekt „Marktdaten Naturkostfachhandel" erfolgreich abgeschlossen: Marktvolumen des Naturkostfachhandels betrug 2009 rund 1,8 Milliarden Euro (BNN), URL: http://www.bio-berlin-brandenburg.de/presse/detailansicht/meldungen/projekt-marktdaten-naturkostfachhandel-erfolgreich-abgeschlossen-marktvolumen-des-naturkostfachha/, zuletzt aufgerufen am 26.08.2013

Food-monitor (2010): Mehr Überblick über den Naturkostmarkt, URL: http://www.food-monitor.de/2010/01/mehr-ueberblick-ueber-den-naturkostmarkt/themenfelder/bio-und-oekolandbau/, zuletzt aufgerufen am 26.08.2013

Grimm, F. (2009): Die Macht des Einkaufswagens, URL: http://www.schrotundkorn.de/2009/200902sp02.php, zuletzt aufgerufen am 22.08.2013,

Lebensmittelpraxis.de (2013): Zweigleisige Expansionsstrategie, URL: http://www.lebensmittelpraxis.de/handel/management/5029-qqualitaet-geht-vor-geschwindigkeitq.html, zuletzt aufgerufen am 01.09.2013

Naturkost.de (2010): Es gibt 2346 Bioläden in Deutschland, URL: http://www.naturkost.de/wp/2010/11/es-gibt-2346-biolaeden-in-deutschland/, zuletzt aufgerufen am 26.08.2013

Naturkost.de (2013): Bioeinkauf – Die realen Kosten des Supermarktessens, URL: http://www.naturkost.de/basics/bioeinkauf.htm, zuletzt aufgerufen am 22.08.2013

Oekolandbau.de (2010): Alnatura auf Platz zwei der nachhaltigsten Unternehmen Deutschlands, URL:
http://www.oekolandbau.de/service/nachrichten/detailansicht/meldung/alnatura-auf-platz-zwei-der-nachhaltigsten-
unternehmen-deutschlands/zurueck-
zu/1197/?tx_ttnews%5BpS%5D=1288566000&tx_ttnews%5BpL%5D=2591999&tx_ttnews%5Barc%5D=1&cHash=0ab90
56dd1, zuletzt aufgerufen am 31.08.2013

Oekologisches Wirtschaften online (2013): Noch viel Potenzial für Bio, URL: . http://www.oekologisches-
wirtschaften.de/index.php/oew/article/view/1097/1098, zuletzt aufgerufen am 24.08.2013

Schrot & Korn (2012): Gesamtsieger Bio-Supermärkte, URL: http://www.besterbioladen.de/2012supermarkt.html, zuletzt
aufgerufen am 02.09.2013

Spiller A. et al. (2005): Zur Zukunft des Bio-Fachhandels: Eine Befragung von Bio-Intensivkäufern, URL:
http://www.konsumwende.de/Dokumente/Biofachhandelsstudie.pdf, zuletzt aufgerufen am 22.08.2013

Strassner C. (2013): Skript - Modul: Nachhaltige Erzeugung und Verarbeitung in der Ernährungskette , URL:
https://www.fh-
muenster.de/fb8/downloads/fb_intern/prof_intern/strassner_intern/nw14_strassner/WS1110_M21_101124_Bio_Herkunft_
6FpS.pdf, zuletzt aufgerufen am 22.08.2013

Taz (2010): Alnatura erhöht Gehälter kräftig, URL:
http://www.taz.de/1/archiv/digitaz/artikel/?ressort=wu&dig=2010%2F10%2F01%2Fa0086&cHash=bd97bdc157, zuletzt
aufgerufen am 17.09.2013

Taz (2013): Denn's ist ein Ausbeuterladen, URL: http://www.taz.de/!116816/, zuletzt aufgerufen am 17.09.2013